LE PETIT-CHATEAU

A

SAINT-AMAND-LES-EAUX (NORD)

Imprimerie LEGRU-RAVIART, libraire-éditeur à St-Amand.

LE

PETIT-CHATEAU

A

SAINT-AMAND-LES-EAUX

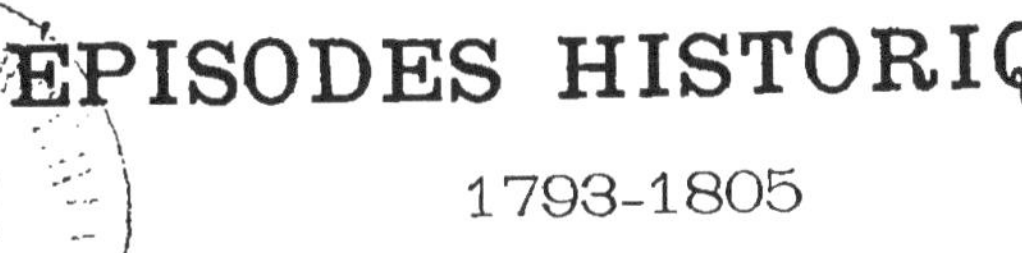

ÉPISODES HISTORIQUES

1793-1805

PRÉCÉDÉS DE QUELQUES MOTS SUR

L'ÉTABLISSEMENT

DES BOUES ET DES EAUX THERMALES

PAR H. CHOTTEAU

DÉCORÉ DE LA GRANDE MÉDAILLE DE LA VILLE DE BRUXELLES

(CHOLÉRA 1849)

ET DE LA CROIX COMMÉMORATIVE DE LÉOPOLD.

SAINT-AMAND-LES-EAUX, NORD.

1869

INTRODUCTION

A côté de la grande histoire, retraçant les destinées des Rois et des Peuples ainsi que le mouvement général de la civilisation, il y a des épisodes et des souvenirs attachés à certaines localités plus ou moins célèbres, plus ou moins dignes d'intérêt, qui méritent d'être recueillis.

Ces épisodes et ces souvenirs constituent des lettres de noblesse pour les lieux où ils se sont déroulés ; ils ressemblent à des titres de famille qui d'abord se transmettent de génération en génération par la tradition orale, mais qui sans être oubliés peuvent s'altérer en passant ainsi de bouche en bouche. Ils finissent alors par s'effacer à-demi dans une sorte de crépuscule légendaire à mesure que les acteurs et les témoins disparaissent dans la nuit du passé.

Et pourtant comme l'a si bien dit Virgile, le poëte du cœur : *meminisse juvabit !*

Voilà ce qui nous inspire le simple et fidèle réçit de deux épisodes qui ont eu pour théâtre en 1793 et en 1805, une modeste habitation appelée le PETIT-CHATEAU, située avec son magnifique horizon de forêts, non loin de Tournai, de Condé, de Valenciennes, presque dans l'enceinte de l'antique ÉTABLISSEMENT DES EAUX THERMALES.

H. C.

L'ÉTABLISSEMENT

DES BOUES ET DES EAUX

THERMALES

Les dictionnaires géographiques disent peu de chose de l'Etablissement des Eaux Thermales qui ne manque cependant pas d'une certaine célébrité.

Un écrivain des plus érudits et des plus consciencieux, M. de Courmaceul, dans une savante histoire du VIEUX et du NOUVEAU SAINT-AMAND, écrite dans un style magistral des plus élevé, a de nos jours fait sortir la ville elle-même de l'oubli immérité qui pesait sur elle. Quant aux Boues et aux Eaux thermales, l'inscription gravée dans le marbre qui surmonte la principale porte d'entrée de l'Etablissement est à elle seule pour tout esprit observateur, comme une révélation authentique de leur emploi et de leurs vertus curatives dès les temps les plus reculés. Nous la transcrivons ici littéralement.

CETTE FONTAINE
AUTRES-FOIS CULTIVÉE PAR LES ROMAINS,
NÉGLIGÉE ENSUITE ET IGNORÉE JUSQUES A NOUS,
ENFIN RECONNUE A SES EFFECTS MERVEILLEUX,
MAIS PRESQUE INACCESSIBLE ET CONFONDUE DANS VN MARAIS,
A ESTÉ RÉPARÉE, BASTIE ET EMBELLIE D'AVENUES
POUR L'UTILITÉ PUBLIQUE,
SOUS LE RÈGNE DE LOUIS LE GRAND,
PAR LES ORDRES DU MARESCHAL DUC DE BOUFFLERS,
COMMANDEUR DES ORDRES DU ROY,
COLONEL DU RÉGIMENT DES GARDES FRANÇOISES,
GOUVERNEUR GÉNÉRAL DE FLANDRES, etc,
L'AN DE GRACE M DC LXXXXVIII.

Il serait, croyons-nous, superflu d'établir, après la lecture de ce document, que les habitants de notre contrée ont souvent changé de nom et de maîtres. L'historien plus autorisé dont nous avons été heureux de citer le nom, s'est chargé de cette tâche et l'a remplie avec une supériorité bien digne du sujet qu'il traitait.

Tout ce que l'on peut dire de nos ancêtres c'est qu'ils sont restés ces **Valeureux Nerviens** ou ces **Vieux Gaulois** qui ont toujours opposé une résistance énergique et invincible aux flots sans cesse envahissants des hordes du nord.

Cinquante ans environ avant l'ère chrétienne, les Romains, sous la conduite de leur plus fier Empereur, envahirent les Gaules. Ils ne s'y établirent que grâce à la supériorité de leur discipline et à la suite de victoires longtemps disputées, chèrement achetées; et c'est dans l'antique Bavay, si rapproché de l'Etablissement des Eaux thermales, qu'ils fixèrent le siège de leur administration et de leurs opérations militaires.

Leur domination dura près de cinq siècles, et les villes anciennes et peuplées que les conquérants avaient trouvé dans la Nervie se relevèrent peu à peu de leur ruine.

Cette période a été considérée avec raison comme une ère

de paix et de civilisation ; elle fit disparaître le culte sanguinaire des Druides dont les vestiges sont si nombreux dans nos profondes forêts ; elle eut pour résultat d'adoucir les mœurs farouches, les coutumes barbares et superstitieuses de nos ancêtres, qu'entretenaient ces prêtres de la nature en frappant leur imagination par les sacrifices humains qu'ils offraient à leurs Dieux, en égorgeant sur les *dolmens* les criminels et les prisonniers de guerre.

Lorsque les colonies sédentaires formées par les légions romaines disparurent à leur tour, dispersées et anéanties par les barbares, le christianisme naissant malgré tous les édits de proscription des Empereurs, comptait déjà de nombreux adeptes dans notre contrée.

Les monastères qui se formèrent peu à peu furent comme des lieux sacrés où se conservèrent les trésors scientifiques de l'antiquité. Ils devinrent comme autant de pépinières d'apôtres qui allaient en tout lieu prêchant la bonne nouvelle.

Les temps avaient changé: dans la Rome payenne l'esclave était sans famille; par la doctrine du divin Rédempteur tous les hommes devinrent frères. L'esprit avait définitivement vaincu la matière.

Notre pays si longtemps tourmenté, eut quelques moments de repos ; bien des fois encore saccagé, dévasté pai les invasions des Normands, qui ne cessèrent guère qu'à l'époque des Croisades, toujours il se releva de ses ruines et put même, grâce à la richesse et à la fertilité de son sol, recouvrer son ancienne splendeur.

L'Abbaye de St-Amand (dont l'émouvante histoire se confond avec celle du pays lui-même), pieusement et libéralement dotée par Dagobert 1er en 634, devint, au bout de quelques siècles, l'un des plus importants monastères de la Gaule Belgique.

Le célèbre Nicolas Dubois, son soixante-seizième abbé, à l'œil duquel rien n'échappait, frappé des avantages que son domaine temporel pouvait retirer de la restauration des Boues et des Eaux Thermales, fit transformer la *cense abbatiale* de la Fontaine-Bouillon dans laquelle se trouvait enclavé le *Petit-Château*, en un établissement dont la réputation ne fit que grandir; l'abbaye y trouva la compensation des sacrifices qu'elle s'était imposés.

Les fouilles pratiquées en 1640 par l'abbé Dubois et quelques années plus tard par le gouverneur-général de Flandres, au nom de Louis XIV, avaient amené la découverte de nombreuses antiquités : statues, médailles de Domitien, Néron, Vespasien, Trajan et autres; sépultures, ossements brûlés et réduits en poudre selon le rite payen, fioles, vases, plats en terre cuite, miroirs d'acier poli, figures de coq, statues du dieu Pan, de Mercure, de Cupidon, etc., etc.

Ces découvertes pourraient faire supposer que le hameau de la Croisette fut autrefois un lieu fort habité ; (*) les vestiges d'anciennes constructions et de puits nombreux que l'on trouve disséminés dans les champs, dans la direction de Suchemont, et dont l'un se trouve dans la closière même du Petit-Château, corroborent cette probabilité.

« L'on savait, écrivait à Brassart en 1714 M. de Sainteville, « commandant pour le roi à St-Omer, bien avant toutes ces » découvertes, que les Romains avaient fréquenté les Eaux » minérales de St-Amand, et c'est la lecture d'un vieux » manuscrit gaulois qui m'attira vers ces Eaux. . . . . . »

Cette opinion a été exprimée aussi dans un mémoire du chirurgien Morand, publié dans le *Recueil de l'Académie des Sciences de Paris* (24 avril 1743). Cet écrivain distingué déclare dans ce Mémoire « qu'il a recueilli aux Boues de

(*) Les Romains avaient bien choisi leur terrain. — Une statistique récente des plus consciencieuses a établi que la moyenne de la longévité dans ce hameau dépassait d'un cinquième celle des localités voisines. Aucun cas de choléra n'y a été signalé ni en 1832, ni en 1849, ni en 1865. H. C.

St-Amand un petit autel de bronze représentant l'histoire de Romulus et de Rémus, etc. »

P.-P. Bouquié, dans une intéressante monographie, publiée à Lille en 1750, reproduite à Bruxelles en 1861, entre dans quelques détails à ce sujet.

On peut en conclure que malgré les cataclysmes qui pendant une longue série de siècles vinrent s'abattre sur l'abbaye, au point de n'y laisser que pierres sur pierres, les moines avaient conservé et ne firent que renouer la chaîne des traditions.

Dès ce moment la curiosité et l'attention du monde savant étaient fixées sur *l'importance des Boues et des Eaux minérales* de St-Amand. Brisseau, médecin des hôpitaux du roi à Tournai, en écrivit à Fagon, premier médecin de Louis XIV; Mignart, médecin des hôpitaux du roi à Mons, en parla dans un *Mémoire* imprimé à Valenciennes en 1700; et Brassart, dans son *Traité des Eaux* imprimé à Lille en 1714.

Quoi qu'il en soit, il faut remonter à 1648 pour être renseigné d'une manière positive et complète sur les Eaux thermales de St-Amand.

A cette époque l'archiduc Léopold d'Autriche, vaincu dans les plaines de Lens, vint y chercher un soulagement à la cruelle maladie qui le minait et y trouva la guérison.

Un peu plus tard, en 1697, un lieutenant-général des armées de Louis XIV, le comte de Mesgrigny, reçut la mission d'y faire exécuter de nouveaux travaux d'appropriation qui furent continués en 1716 à une source voisine de celles existantes : on en réduisit la circonférence, on nettoya le fond, on y éleva un pavillon en bois qui s'écroula en 1727, par suite de l'action corrosive de l'eau, rongeant cet édifice à sa base.

Mais ce qu'il y a de particulièrement caractéristique à signaler en faveur de ces Eaux situées à quelques kilomètres du *Pons Scaldis*, de l'itinéraire d'Antonin, c'est que César (*) ou ses lieutenants en avaient fait un *établissement sanitaire* des plus importants pour la guérison des soldats blessés ou malades, et que deux des plus grands hommes de guerre des temps modernes s'en sont aussi occupé et ont donné la même destination à la *Fontaine-Bouillon.*

Après la conquête d'une partie des Flandres, Louis XIV vint visiter la ville de St-Amand, le 2 mars 1678 ; il y fut reçu magnifiquement par l'abbé Honoré, le successeur de Nicolas Dubois. Le maréchal de Vauban, l'une des gloires du grand siècle, se rendit à l'établissement des Eaux thermales et fit jeter, sous ses yeux, quelques poutres dans la Fontaine-Bouillon, afin de constater la force d'expulsion qui se produisait immédiatement contre tout corps étranger.

Sans doute l'illustre Vauban, avec les sentiments d'humanité qu'il portait sans cesse dans la guerre, dut étudier et faire étudier l'effet des Eaux et des Boues de St-Amand sur les blessures de guerre et les maladies ; on peut lui attribuer l'idée de l'hôpital militaire auquel devait se rattacher plus tard la haute initiative du maréchal Maurice de Saxe.

Le vainqueur de Fontenoy envoya à cet établissement sanitaire, *cultivé par les Romains*, auquel il n'y avait guère de substitué que le nom «*d'hôpital militaire de St-Amand*», de nombreux blessés et malades de son armée. Il contenait encore 200 lits en 1785.

(*) L'auteur d'une notice récente, intitulée *César à l'horizon de Valenciennes*, a recueilli les faits qui paraissent établir que cet Empereur romain, aussi grand politique qu'habile administrateur, avait séjourné dans la région de Valenciennes, au camp de Famars peut-être, lors de la guerre des Gaules.

Ce conquérant a donc pu visiter l'établissement sanitaire fondé aux Eaux Thermales de Saint-Amand. Une route militaire, (la chaussée Brunehaut), partant de Bavay, traversait la forêt et y aboutissait en se prolongeant sur Tournai.

L'un des plus beaux titres de gloire du César moderne, l'égal tout au moins du César romain, n'est-il pas d'avoir visité les pestiférés de Jaffa, dans l'immortelle campagne d'Egypte ?

N'omettons pas une autre inscription que nous avons relevée sur une pierre gisante dans cet hôpital abandonné. Elle nous parait digne de remarque, car elle établit le droit des malades pauvres, au soulagement de leurs souffrances.

En voici la transcription exacte :

M. SENAC DE MEILHAN, JNTEND. DE JUSTICE,
POLICE ET FINANCE DE LA PROVINCE DU HAYNAUT,
PAÏS D'ENTRE SAMBRE ET MEUSE ET D'OUTRE
MEUSE, CAMBRAY ET COMTÉ DE CAMBRESIS,
BOUCHAIN, S : AMAND, MORTAGNE ET LEURS
DÉPENDANCES, A FAIT CONSTRUIRE CE BATIMENT
POUR Y LOGER ET NOURIR LES PAUVRES MALADES
QUI AURONT BESOIN DE FAIRE USAGE DES EAUX ET
BOUES DE S : AMAND POUR LEUR GUERISONS.

L'AN 1780

DU REGNE DE LOUIS XVI.

En 1804 le préfet du Nord, M. Dieudonné, rapporte dans la statistique du département que « le médecin Armet, esprit froid et observateur, qui pendant trente années avait eu le service des Boues et des Eaux, avait constaté qu'un grand nombre de maladies de natures diverses, considérées comme incurables, avaient été guéries par l'usage des Eaux et des Boues de St-Amand. »

L'administration actuelle de la guerre, pourrait trouver encore, à l'aide des progrès de la science contemporaine, de bien précieuses ressources dans les Eaux et les Boues de St-Amand.

Cette question que nous soumettons aux spécialités compétentes, avec le soin de l'approfondir en raison de leur autorité, ne doit pas nous détourner davantage du but purement épisodique des souvenirs de 1793 et 1805 que nous allons évoquer.

I

QUARTIER-GÉNÉRAL

DE

DE L'ARMÉE DU NORD

2 AVRIL 1793

Telle est l'inscription que l'on peut lire au-dessus de l'une des principales portes d'entrée du *Petit-Château* où se passa l'épisode dont nous allons retracer les détails, triste épisode qui pèse bien lourdement sur la mémoire du général Dumouriez.

En se bornant à rappeler une simple date pour ainsi dire, le propriétaire du *Petit-Château*, sans manquer aux exigences du patriotisme et sans méconnaître les droits de l'histoire, a montré qu'il se souvenait de la belle campagne de l'Argonne, des victoires de Valmy et de Jemmapes. La défection de

Dumouriez ne peut effacer ces grands souvenirs qui le protègent à demi contre ses propres torts. Toutefois, il est des pages qu'il importe de retracer comme une leçon vivante et sévère adressée à un grand capitaine infidèle à ses devoirs de citoyen.

Mieux vaut l'exil résigné de Camille que la vengeance passionnée de Coriolan !

On sait que le général Dumouriez, après la conquête de la Belgique et l'invasion d'une partie de la Hollande, vaincu à Neerwinden, fut forcé de se replier sur le territoire français, mais en imposant encore la crainte et l'admiration à ses adversaires par sa belle retraite.(*) Il s'y montra digne de lui-même malgré les chagrins qui le dévoraient, malgré ses sentiments contraires le portant d'abord à une lutte désespérée contre les Autrichiens, puis à la ruine de la faction des Jacobins.

Peu à peu il en vint à se regarder comme l'arbitre des destinées de la France ; il voulut marcher sur Paris avec son armée, se montrer menaçant à la barre de la Convention nationale, la dissoudre, détruire la République et relever le trône constitutionnel en y plaçant Louis XVII, ou, selon les circonstances, poser la couronne sur la tête de l'un des princes de la maison d'Orléans, qu'il affectait de retenir près de lui, comme pour y préparer les esprits.

Autant de rêves impossibles.

La race Gauloise opprimée depuis quinze siècles échappait visiblement aux étreintes de la race féodale. La longue incubation de la liberté par l'oppression touchait à son terme. Les immunités, les bénéfices, les exemptions d'impôts, toutes les faveurs qui le plus souvent à la fin du dernier siècle s'accordaient à l'intrigue ou aux privilèges de la naissance, toutes les institutions d'un autre âge avaient fait leur temps.

(*) Thiers. Hist. de la Rév. Chap. XXI.

En 1789, l'esprit philosophique avait séduit toutes les imaginations. L'esprit de caste lui-même s'était bien offert en holocauste sur l'autel de la patrie, mais il n'avait pu sans regret faire l'abandon de ses anciennes prérogatives. Le peuple redoutait de nouvelles chaînes, il avait considéré comme un crime le sage tempéramment que le Pouvoir avait essayé d'apporter dans le fonctionnement des institutions nouvelles. En 1793, la défiance était partout ; l'industrie paralysée, le prix des vivres excessif, la fortune publique anéantie. En 1793, Spartacus s'appelait Marat, de sinistre mémoire, et dans le paroxisme de sa fureur il secouait, il broyait ses derniers fers. Personne ne pouvait se croire à l'abri de ses douloureuses meurtrissures !

Ce n'était plus une réforme qui devait se développer progressivement ; c'était un nouveau monde qui devait naître dans les larmes et dans le sang. Il n'était au pouvoir d'aucun homme d'y faire obstacle, de quelque prestige dont son nom fut entouré !

Mais Dumouriez avait eu des conférences coupables avec le colonel Mack, de l'état-major autrichien, qui lui servait d'intermédiaire auprès du général en chef de l'armée ennemie, le feld-maréchal Frédéric-Josias, prince de Cobourg.

Une suspension d'armes fut projetée et convenue; de plus, la place de Condé devait être livrée par Dumouriez aux Autrichiens, comme garantie, dans le cas où il aurait besoin de leur concours actif.

Ces pour-parler qui n'avaient pu complètement être tenus secrets et qui aboutirent à ce que l'histoire appelle *la convention des confédérés d'Ath*, avaient fait murmurer les officiers et soldats de Dumouriez qui, lui-même, ne faisait guère mystère de ses projets.

Ce fut dans ces dispositions que devait faire échouer deux jours plus tard le commandant Davoust, l'une des grandes figures militaires du futur Empire, le même qui plus tard devint prince et maréchal de France, mais simple chef de volontaires alors, que le général Dumouriez, du camp de Maulde où il se trouvait, transporta le 1er avril 1793, son quartier-général au *Petit-Château*, où il s'établit avec son état-major en se faisant garder par les hussards de Berchiny, qui lui étaient entièrement dévoués.

En ce lieu situé au centre de ses troupes disséminées, il se trouvait comme protégé par un immense rideau de bois qui pouvait masquer ses mouvements et il était en même temps plus rapproché de la place de Condé.

Mais la Convention veillait; renseignée par ses nombreux émissaires, elle avait, dans les derniers jours de mars, rendu un décret enjoignant au général de quitter son armée et de paraître à sa barre pour rendre compte de sa conduite et de ses plans.

Quatre membres de cette assemblée, Camus, Lamarque, Bancal, Quinette, avaient été désignés comme commissaires porteurs du décret. Ils étaient accompagnés du ministre de la guerre Beurnonville, ami personnel de Dumouriez, qui devait faciliter son arrestation.

Miaczinsky qui commandait le corps détaché à Orchies, avait eu le temps de prévenir le général en chef de l'arrivée des commissaires, et même il n'avait pas manqué de rendre à ces personnages, lors de leur passage par cette ville, tous les honneurs dus à leur rang.

Le ministre et les représentants du peuple arrivèrent le 1er avril au *Petit-Château*; dans l'enceinte duquel se trouvaient les hussards de Berchiny, commandés par le colonel Norman.

Le général Beurnonville entra le premier dans le salon. Dumouriez l'embrassa avec effusion; puis se tournant vers les membres de la Convention, il leur demanda d'un air glacial l'objet de leur mission.

Les commissaires refusèrent de répondre au général qui, pour parler le style de l'époque, se trouvait entouré de son état-major comme un tyran au milieu de sa cour. L'attitude de ces officiers était visiblement menaçante et ils voulurent passer dans le salon voisin.

Dumouriez y consentit, mais les officiers exigèrent que la porte restât ouverte. Camus, le plus âgé des commissaires, lut alors le décret de la Convention en sommant le général d'y obéir. Celui-ci répondit qu'il devait d'abord réorganiser son armée et qu'il aviserait ensuite à ce qu'il avait à faire. En même temps il offrit ironiquement de donner sa démission.

— Et que ferez-vous après, lui demanda Camus ?

— Ce qu'il me plaira, répondit fièrement Dumouriez, mais je déclare que je n'irai point me faire avilir et condamner à Paris par un tribunal révolutionnaire.

— Vous ne reconnaissez donc pas ce tribunal, lui répondit Camus avec le calme de la résolution.

— Je le reconnais pour un tribunal de sang et de crimes, et tant que j'aurai un pouce de fer dans les mains je ne me soumettrai pas à ses arrêts.

Bancal intervint alors et cita des exemples d'obéissance aux lois donnés par les plus grands capitaines de l'antiquité.

— Les Romains, lui répondit Dumouriez, n'ont pas tué Tarquin ; ils n'avaient ni clubs de jacobins ni tribunal révolutionnaire ! Puisque vous citez Rome, je vous dirai que j'ai souvent joué le rôle de Décius, mais que je ne me jetterai jamais dans le gouffre comme Curtius.

— Vous ne voulez donc pas obéir à la Convention, reprit Camus ?

— Je vous promets, répliqua Dumouriez avec emportement, de rendre compte de tous mes actes quand la France aura un gouvernement et des lois ; à présent il y aurait folie à se soumettre.

Les commissaires se retirèrent alors dans une autre pièce pour délibérer ; le général resta seul avec le ministre de la guerre Beurnonville, qu'il s'efforça de gagner à sa cause en lui offrant le commandement de son avant-garde.

Beurnonville qui, bien que le supérieur de Dumouriez comme ministre, avait combattu sous ses ordres, lui répondit héroïquement qu'il mourrait à son poste. « Je vois que vous êtes décidé, que vous allez prendre un parti désespéré; je vous demande à me faire partager le sort des commissaires de la Convention!»

— C'est vous servir et vous sauver, répondit Dumouriez à son ancien compagnon d'armes. Déjà il avait ordonné au colonel des hussards de Berchiny de tenir à la porte trente hommes d'élite prêts au premier commandement.

Après une heure de délibération secrète les commissaires rentrèrent dans le salon, et l'inflexible Camus déclara Dumouriez suspendu de ses fonctions.

« Vous n'êtes plus général, ajouta-t-il, j'ordonne que l'on s'empare de votre personne et que l'on mette les scellés sur vos papiers. »

— Ceci est trop fort, s'écria Dumouriez avec violence ; il est temps de mettre un terme à cet excès d'audace! Et il commanda *en allemand* aux hussards d'entrer.

— Arrêtez ces quatre hommes, dit-il au chef du détachement, mais sans leur faire du mal; arrêtez aussi le ministre de la guerre et laissez-lui ses armes!

Camus prononça ces derniers mots : général Dumouriez vous perdez la République!

Les hussards entraînèrent alors les commissaires de la Convention; des voitures préparées pendant l'entretien et amenées dans la cour d'honneur du *Petit-Château* reçurent Beurnonville et les quatre représentants du peuple, qui furent conduits sous escorte à Tournai et livrés en otage au général autrichien Clerfayt.

Quatre années après seulement, en 1797, ces mêmes commissaires furent échangés contre l'auguste orpheline du Temple, Madame Royale, depuis duchesse d'Angoulême et dauphine de France. Etrange vicissitude des choses humaines! Elle devait longtemps après, l'infortunée princesse, glisser encore des marches d'un trône dont les événements politiques l'avaient rapprochée en 1815, et exilée de nouveau, aller mourir à Holyrood !

Le gant était jeté, Dumouriez n'avait pas un instant à perdre et il écrivit au *Petit-Château* cette proclamation restée si célèbre, qu'il adressa à son armée :

Le général Dumouriez à l'armée française,

aux Boues de St-Amand, le 1er avril, onze heures du soir. (*)

Mes Compagnons !

» Quatre Commissaires de la convention nationale sont » venus pour m'arrêter et me conduire à la barre ; je me suis » rappelé de ce que vous m'aviez promis, que vous ne laisseriez » pas enlever votre père, qui a plusieurs fois sauvé la patrie, » qui vous a conduit dans le chemin de la victoire, et qui, der- » nièrement encore, vient de faire à votre tête une retraite » honorable.

» Je les ai mis en lieu de sûreté pour nous servir d'otages. » Il est temps que l'armée émette son vœu, purge la France » des assassins et des agitateurs, et rende à notre mal- » heureuse patrie le repos qu'elle a perdu par le crime de » ses représentants.

» Il est temps de reprendre une Constitution que nous » avons jurée trois ans de suite, qui nous donnait la liberté » et qui peut seulement nous garantir de la licence et de l'a- » narchie dans laquelle on nous a plongés.

» Je vous déclare, mes compagnons, que je vous donnerai » l'exemple de vivre et de mourir libre.

(*) Le général Dumouriez arrivé le jour même *au Petit-Château*, a pu croire qu'il se trouvait *aux Boues de St-Amand*, naturellement plus connues dans la contrée; de là l'erreur du lieu qu'il est important de rectifier au point de vue de la vérité historique. H. C.

» Nous ne pouvons être libres qu'avec de bonnes lois, » sans cela nous serions les esclaves du crime. »

Le Général en chef de l'armée française,

DUMOURIEZ.

Au même instant, par lettre également datée du 1er avril, le général envoyait à Miaczinski l'ordre de marcher sur Lille et de s'emparer d'autres commissaires de la Convention qui s'y trouvaient.

Le 2 avril 1793, le général Dumouriez quitta de sa personne le *Petit-Château*, vers trois heures de relevée, marcha sur Condé suivi de son état-major et d'une faible escorte à laquelle devait se joindre en route un détachement qui devait partir en même temps du camp de Maulde, mais qui ne parut pas de la journée.

Arrivé à une demi-lieue de cette ville, un aide-de-camp du général Neuilly qui commandait la place vint au-devant de Dumouriez pour l'informer de ce qui s'y passait.

La garnison travaillée par les émissaires de la Convention était presque en révolte ouverte; elle avait déclaré qu'elle ne laisserait entrer dans la ville aucun corps qui pourrait en compromettre la défense; qu'elle répondait du salut de Condé à la patrie! Et l'aide-de-camp du général Neuilly ajouta que les habitants dans leur ardent patriotisme paraissaient aussi résolus que les troupes.

Le général s'arrêta un moment pour réfléchir à cet incident qui pouvait entraver et retarder ses projets, lorsque tout-à-coup apparurent les volontaires de l'Yonne, commandés par Davoust, suivis par leur artillerie, et qui, sortis presque sans ordre de Valenciennes où l'irritation était également portée à son comble, se dirigaient par une autre route et de leur propre mouvement sur Condé, comme s'ils eussent deviné la prochaine trahison du général en chef.

Dumouriez interpella vivement les officiers ; leur demanda par quel ordre ils marchaient et leur enjoignit sévèrement de s'arrêter.

Il s'écarta alors à cinquante pas de la grande route et entra dans une chaumière pour écrire un ordre.

Les mots de trahison, des cris tumultueux, des imprécations de toute nature ne tardèrent pas à partir des rangs de ces volontaires, dont une partie commençait à rebrousser chemin.

Dumouriez les entendit, remonta précipitamment à cheval et vit de nombreux fusils dirigés contre lui ; dans son émotion, croyant le moment arrivé de songer à la sûreté de son état-major et à la sienne, il s'enfuit à travers champ avec sa faible escorte.

Une grêle de balles décima tout aussitôt le groupe qui l'entourait. Deux hussards, deux domestiques sont frappés à mort, un autre est fait prisonnier. Sept chevaux sont tués ; le colonel Thouvenot a son cheval tué sous lui et saute en croupe sur celui du fidèle *Batiste Renard*. La plus jeune des deux demoiselles de Fernig, Théophile, est également démontée ; sa sœur Félicité donne son cheval à Dumouriez qui avait dû abandonner le sien quelques instants auparavant ; puis ces deux héroïques jeunes filles remontent sur les chevaux de suite du duc de Chartres, parti du *Petit-Château* en même temps que Dumouriez.

Les fugitifs franchirent alors un fossé fangeux, le canal du Jard dans lequel resta Cantin, le secrétaire intime du général, engagé sous le corps de son cheval.

Le reste du groupe traversa les marais au-delà de Bruille, dans la direction du camp de Maulde, vers l'Escaut ; et c'est ainsi que presque tous purent gagner le hameau de *la Boucaulde*, poursuivis de loin par les volontaires.

Les deux héroïques demoiselles de Fernig (*) avaient guidé vers ce hameau, très-rapproché de Mortagne, leurs compagnons d'infortune, sachant très-bien, elles qui étaient du pays, qu'il y avait là une barque en station sur l'Escaut. Cette barque s'y trouvait en effet, mais sur la rive opposée du fleuve.

La fusillade commençait à se rapprocher de ce point de l'extrême frontière; les cavaliers mirent pied à terre et hélèrent le batelier *Gaspart Mixte.* Celui-ci hésitait à répondre à l'appel qui lui était fait, lorsque sa femme, *Bernardine Dehours*, entraînée par l'un de ces élans du cœur qui ne calculent ni responsabilité, ni dangers, détacha vigoureusement sa barque, la dirigea d'une main ferme sur l'autre rive, recueillit Dumouriez et les officiers qui l'avaient suivi et les déroba ainsi à la poursuite de leurs agresseurs.

La suite que la barque ne pouvait contenir partit avec les chevaux en longeant l'Escaut et regagna le camp de Maulde, dirigée par le fidèle Batiste Renard.

Aussitôt le passage opéré, le prudent *Gaspart Mixte* coula sa barque, ce qui lui permit de dire aux volontaires arrivés enfin sur les lieux : « *que ceux qu'ils poursuivaient s'étaient sauvés en traversant l'Escaut à la nage.* »

Tel fut le récit fait par le *Moniteur* du 9 avril 1793.......

Bernardine Dehours ne fut pas généreuse à demi, et elle s'empressa de servir de guide à ceux qu'elle avait sauvés. Elle les confia ensuite à *Jacques Heule*, de Mortagne, et à *Leclercq*, de Wiers, qui les conduisirent au château de Vernes au-delà de la frontière française, où ils arrivèrent pendant la nuit, harassés de fatigue.

C'est dans cette habitation qu'ils reçurent l'hospitalité et quelques vivres.

(*) On peut admirer dans le local de la Société Impériale d'agriculture de l'arrondissement de Valenciennes, un fort beau tableau représentant ces deux sœurs en costume de volontaires républicains.

Faisons connaître que la généreuse batelière, *Bernardine Dehours,* dont le nom figure si honorablement dans nos annales locales, se retira au village de *Château-l'Abbaye,* où elle est décédée en 1845, presque octogénaire et dans un état voisin de l'indigence.

Batiste Renard qui avait regagné, disions-nous, le camp de Maulde, ranima un instant en faveur de Dumouriez le vieil attachement des troupes de ligne, en faisant adroitement circuler le bruit « que des volontaires insurgés avaient de nouveau tenté d'assassiner le général. »

Les adresses de dévouement signées quelques jours auparavant par tous les chefs de corps du camp de Maulde, à propos d'une autre tentative faite sur la personne du général par quelques volontaires du bataillon de la Marne, tentative que ce même Batiste Renard avait déjouée, avaient engagé celui-ci à user de ce moyen qui devait produire la même indignation.

C'est ce qui eût lieu en effet; puis, dans la nuit même, Batiste Renard rejoignit son général et lui fit part de ce retour à la fortune.

Le colonel autrichien Mack, venant de Tournai, arriva dans la nuit du 2 au 3 avril au château de Vernes. Informé de l'état des choses, il donna au fugitif une escorte de cinquante dragons impériaux qui le ramenèrent au camp de Maulde.

Tel avait été l'ascendant de ce général sur ses troupes et la confiance qu'il leur inspirait encore, qu'à part quelques visages sombres où le soupçon luttait avec l'attachement, il fut reçu dans le camp comme un chef toujours aimé et respecté.

Le 4 avril, il rappela à lui les husssards de Saxe et de Berchiny, ainsi que quelques escadrons dévoués de dragons et de cuirassiers et se porta sur le village de Rumegies, à six kilomètres de son camp de St-Amand, et prit de nouvelles dispositions pour recommencer son plan de surprise de Condé, qu'il s'obstinait à vouloir accomplir.

Mais sur le faux bruit de la mort de Dumouriez, que l'on disait noyé la veille dans l'Escaut, le parc d'artillerie de St-Amand avait chassé le général Valence (*), le duc de Montpensier, le lieutenant-colonel Barrois et tous les officiers supérieurs notoirement connus par leur attachement au général Dumouriez, et s'était, avec ses quatre-vingts pièces, replié le jour même, 4 avril, sur Valenciennes où se trouvait le général Dampierre, désigné déjà comme successeur de Dumouriez.

Ce mouvement de retraite précipité du parc de St-Amand fut suivi par plusieurs corps de l'armée. Quelques détachements ne purent se rallier que trois ou quatre jours plus tard et très-difficilement dans les places fortes voisines ; ils eurent à soutenir dans les bois de St-Amand, de Vicoigne et de Raismes, de nombreux et glorieux combats contre les impériaux qui s'étaient portés en avant pour profiter du désordre de l'armée française, occasionné par tous ces évènements.

Dans la soirée du 4 avril ces nouvelles arrivèrent coup sur coup à Rumegies ; les dernières illusions de Dumouriez s'évanouirent et il comprit qu'il ne pouvait plus dicter d'ordres à une armée qui se dérobait.

Sa décision fut prise aussitôt et il se disposa à partir. Il monta à cheval avec les deux Thouvenot, le duc de Chartres, le colonel Montjoie, Nordman, le fidèle Batiste Renard et quelques autres officiers d'état-major parmi les quels son capitaine des guides, M. de Fernig et ses deux

(*) Le général Valence était le gendre de la célèbre et spirituelle comtesse de Genlis, réfugiée à Tournai avec l'illustre princesse d'Orléans, Madame Adelaïde, obligée par sa naissance de quitter Paris et suspecte à l'Etranger par les principes républicains de son père, Philippe d'Orléans, qui porta peu de temps après sa tête sur l'échafaud.

héroïques jeunes filles, (*) entraînés sans crime, selon la belle et noble expression de l'illustre auteur des Girondins, dans une désertion qui était le plus haut témoignage de dévouement et de fidélité à la personne de leur général.

Tous se dirigèrent sur Tournai et se séparèrent aussitôt leur arrivée en cette ville.

Le général autrichien Clerfayt y accueillit Dumouriez comme un allié malheureux.

Ainsi s'accomplit un des faits les plus importants de notre révolution, un de ces évènements qui ont sur les destinées d'un pays une immense influence. Il eut pour théâtre le *Petit-Château.*

Et s'il est vrai que le lendemain, 5 avril, au milieu de cette dislocation de troupes et de confusion générale, amenée par cette coupable défection du chef de l'armée du Nord, les hussards de Saxe et de Berchiny passèrent à l'ennemi pour rejoindre Dumouriez à Tournai, hâtons-nous de le proclamer : ces régiments qui comptaient 800 chevaux étaient en totalité composés d'aventuriers allemands et hongrois auxquels la langue française était même étrangère !

Le général Dumouriez sans famille et dans un dénûment presque complet, comme toutes les victimes qui l'avaient suivi, ne resta que peu de temps à Tournai ; il passa en Angleterre où il vécut d'une pension que lui fit le gouvernement de ce pays; là il ne cessa, pendant le cours de sa longue existence, d'écrire des mémoires et des plans militaires pour toutes les guerres que fit l'Europe coalisée contre la nation française pendant vingt années, en offrant à toutes les causes son épée toujours refusée.

(*) Le capitaine de Fernig, officier en retraite, ancien commandant de la garde nationale de Mortagne, avait deux fils à l'armée du Rhin et des Pyrénées et deux filles à l'armée du Nord. Deux autres jeunes demoiselles, dont l'une devint plus tard l'épouse du général comte Guilleminot, vivaient retirées à Mortagne.

Selon le langage de l'éloquent historien de la révolution française : « Dumouriez devait vieillir tristement loin de sa » patrie, et l'on ne peut s'empêcher d'un profond regret à la » vue d'un homme dont cinquante années se passèrent dans » l'intrigue des cours, trente ans dans l'exil, et dont trois » seulement furent employés sur un théâtre digne de son » génie. »

S'il nous abandonna, il nous avait sauvés !

COMPOSITION DE L'ÉTAT-MAJOR GÉNÉRAL

DE L'ARMÉE DU NORD. — 2 avril 1793.

DUMOURIEZ, général en chef.
DEVAUX Philippe, aide-de-camp particulier.
MORETON de CHABRILLAN, colonel chef d'état-major.
THOUVENOT aîné (le général), de l'état-major particulier.
DUC DE CHARTRES (Louis-Philippe d'Orléans), id.
DUC DE MONTPENSIER, id. id.
THOUVENOT jeune (le colonel), id. id.
DE FERNIG père, capitaine des guides de Dumouriez.
BAPTISTE RENARD, officier d'ordonnance (sabre d'honneur de la Convention), attaché au général.
DE FERNIG fils, lieutenant détaché du régiment d'Auxerrois (armée du Rhin), id. id.
DE FERNIG Théophile, DE FERNIG Félicité, les deux sœurs (sabres d'honneur de la Convention), attachées au général.
CANTIN, secrétaire intime.

Le duc de Montpensier, les généraux Labourdonnaye, Thouvenot et Valence, se trouvaient à Saint-Amand.

Au Petit-Château étaient logés, 31 mars au 2 avril 1793 : 1° le général en chef Dumouriez, le duc de Chartres, l'adjudant-général Montjoie, le colonel Thouvenot, le capitaine de Fernig, Théophile et Félicité de Fernig et Baptiste Renard. D'autres officiers de tous grades s'y trouvaient réunis pour affaires de service.

II

LE PETIT-CHATEAU

6 JUILLET 1805

Doe wel, en zie niet om.

Le temps avait marché. Après avoir traversé la liberté pour se jeter dans la licence et risquer de se perdre dans l'anarchie, la France dût son salut au Conquérant de l'Italie, au Général en chef de la brillante expédition d'Egypte, venant demander compte à la faiblesse et à l'incapacité du Directoire de l'état déplorable où se trouvaient réduites la Nation et l'Armée.

Le Gouvernement consulaire rétablit l'ordre, ramena et fixa la victoire autour de nos drapeaux, réalisa tout ce qu'il y avait de pratique dans les théories de 1789, dota la France du meilleur système d'administration et d'un code de lois uniformes, prévoyantes, dignes comme l'œuvre de Justinien, du titre de *Raison du monde écrite !* Enfin ce même gouvernement rouvrit les temples et rétablit les rites du Culte, tout en proclamant la liberté absolue de conscience.

La France heureuse, fière, florissante, voulut éterniser cette ère de renaissance : au Consulat succéda l'Empire.

Dans la seconde année de cette grande époque, le 6 juillet 1805 (17 thermidor an XIII), par une splendide journée d'été, la petite ville de Saint-Amand était en fête ainsi que les communes voisines.

Depuis quelque temps déjà, l'on était informé de la prochaine arrivée d'un frère de l'Empereur, le prince Louis-Napoléon, qui venait avec sa femme, la gracieuse fille de l'Impératrice Joséphine, et leur enfant, faire un assez long séjour au Petit-Château, dans cette même habitation attristée par la défection du général Dumouriez.

Ces nouveaux et illustres hôtes ne devaient y laisser cette fois, par les nombreux bienfaits qu'ils répandirent autour d'eux, que les souvenirs les plus riants et les plus agréables.

A soixante-quatre ans d'intervalle la mémoire en a été religieusement conservée par les anciens du hameau encore survivants ; c'est de leur parfaite bienveillance que nous les tenons ; ils nous sauront quelque gré peut-être de les grouper afin de les transmettre ainsi plus facilement à leur descendance. Qu'ils nous permettent d'abord de leur donner la biographie trop peu connue de Louis Napoléon, roi de Hollande.

Né le 24 septembre 1778, à Ajaccio en Corse, troisième frère de Napoléon Bonaparte, que son génie avait rendu le chef et le fondateur d'une dynastie, Louis avait fait, bien jeune encore comme sous-lieutenant, une première campagne en Piémont où il prit part au siége d'Oneille et au combat de Cairo (1794). Il devient ensuite lieutenant d'une compagnie de canonniers à Saint-Tropez ; de là il se rendit à l'école d'artillerie de Châlons, d'où le général Bonaparte l'appela, en février 1796, pour l'attacher à son état-major, dans les immortelles campagnes d'Italie.

Le jeune officier se montra digne du nom déjà bien célèbre qu'il portait, au passage du Pô, aux batailles de la Brenta, de Caldiero, d'Arcole et de Rivoli.

A la suite d'un premier voyage à Paris, où il fut chargé de remettre au Directoire les drapeaux conquis sur l'ennemi, il fut promu au grade de capitaine. De retour à l'armée, il se distingua de nouveau, et, après les préliminaires du traité de *Campo-Formio*, son frère l'envoya une seconde fois à Paris, où il apporta la nouvelle de la paix.

C'est durant cette mission qu'il se lia d'amitié avec Bernardin de Saint-Pierre, l'auteur de *Paul et Virginie* et des *Etudes de la Nature*.

Le jeune et brillant capitaine lui révéla sans doute des détails poétiques sur le rôle que les étoiles jouent entre les amants italiens, qui, en les regardant à la même heure, les associent à leurs rêves, à leurs joies, à leurs espérances comme à leurs épreuves !

Louis Bonaparte fit la campagne d'Egypte avec le grade de chef d'escadron. Lors de son départ pour l'expédition de Syrie, le général en chef envoya son jeune frère à Paris avec mission de faire connaître au Directoire la situation de l'armée d'Orient.

Une chaloupe canonnière, presque désemparée, servit à effectuer une traversée dans laquelle le jeune officier échappa aux croiseurs anglais et russes et débarqua d'abord à Tarente, puis à Porto-Vecchio (Corse). Arrivé en France il ne put obtenir du Directoire, auquel il rapportait les premiers drapeaux conquis sur les Mamelucks (*), les secours d'hommes,

(*) Extrait de la réponse du comte de Saint-Leu à sir Walter-Scott sur son histoire de Napoléon. — Brux. 1829.

d'argent, de vaisseaux que réclamait le général en chef de l'armée d'Egypte.

Mais une inspiration providentielle détermina celui-ci à traverser la Méditerranée pour débarquer à Fréjus, le 3 octobre 1799.

Tout en restant chef d'escadron au 6me régiment de dragons, Louis était attaché comme aide-de-camp à l'état-major de son frère, qu'il seconda activement dans la journée du 18 brumaire (9 novembre 1799). Quelques jours après ce grand évènement, il fut promu au grade de colonel et commanda en cette qualité le 6me dragons.

Ayant obtenu du premier Consul l'autorisation d'assister aux manœuvres de l'armée prussienne, Louis se rendit à Postdam, où le roi Frédéric-Guillaume III lui témoigna une bienveillance qui établit une durable amitié entre le frère du premier Consul et le successeur du grand Frédéric.

Rappelé à Paris par la reprise des hostilités entre la France et l'Autriche, Louis fit comprendre son régiment dans le cadre de l'armée envoyée contre le Portugal. La campagne fut bientôt terminée et le 4 juillet 1802 eut lieu le mariage du jeune frère du premier Consul avec la vicomtesse Hortense de Beauharnais.

Le 24 mars 1804, après deux années presque entières passées à la tête de son régiment, Louis fut promu au grade de général de brigade. Le mois d'avril suivant il fut nommé général de division et conseiller d'état (section de la Législation).

Le 18 mai 1804, dans le mois et l'année faisant succéder l'Empire au Consulat, Louis fut élevé à la dignité de Prince et le grand titre de Connétable de France, aboli depuis plus de deux siècles, fut exhumé des souvenirs de l'ancienne monarchie et ressuscité en son honneur.

Le Prince-Connétable venait d'être nommé gouverneur-général des départements au-delà des Alpes, lorsque l'état de sa santé, altérée par les fatigues de la guerre, le décida à passer quelques mois aux Eaux thermales et aux Boues de Saint-Amand (Nord).

Quant à la princesse Hortense, qui a porté les noms de *Reine de Hollande* et de *Duchesse de Saint-Leu*, il suffira de quelques lignes pour résumer son souvenir toujours cher au peuple français qui, à tant d'années d'intervalle, l'associe encore à son illustre mère, à l'Impératrice Joséphine, surnommée le *Bon Génie* de Napoléon Ier.

Il y a dans l'histoire des personnages qui, sans cesser d'appartenir à la réalité, tiennent de l'opinion publique, de la voix populaire une empreinte à part, une consécration qui touche à la poésie et à la légende.

Telle est la Reine Hortense.

On n'a pas besoin d'ajouter que son avènement au trône de Hollande ne date que du 5 juin 1806 (*); même après la

(*) C'est le 5 juin 1806, dix mois après son départ du *Petit-Château*, que le prince Louis fut proclamé *Roi de Hollande*, au Château de Saint-Cloud, à la suite d'une session extraordinaire des Etats-Généraux de Hollande, qui eut pour résultat d'envoyer à Paris une députation chargée de demander pour souverain un des frères de l'Empereur. Le traité entre la France et la Hollande avait été signé le 24 mai 1806. Le langage tenu par le roi de Hollande à son avènement au trône, en manifestant les principes les plus généreux, on peut ajouter les plus libéraux et les plus constitutionnels, eut un retentissement des plus sympathiques dans l'ancienne république des Provinces-Unies, où son nom est resté des plus populaires.

Après quatre ans et un mois d'un règne difficile, et que recommandent les plus sages mesures, le roi Louis abdiqua par acte du 1er février 1810, signé à Harlem, en faveur de son fils aîné Napoléon-Louis, et à défaut de celui-ci en faveur de son plus jeune fils Charles-Louis-Napoléon, aujourd'hui Empereur des Français sous le nom de Napoléon III.

Depuis son abdication l'ancien roi de Hollande prit le titre de comte de Saint-Leu, qu'il a porté jusqu'à sa mort qui eut lieu à Livourne, le 26 juillet 1846. H. C.

réunion de la Hollande à l'Empire (décret du 10 juillet 1810), ce titre de Reine fut conservé à celle qui, aux yeux des peuples, n'a jamais perdu sa couronne. — Par la grâce, par la beauté, la bonté réunie à tout le charme des talents, à tous les dons du cœur et de l'esprit, au milieu même des douloureuses épreuves de l'exil, elle est restée la REINE HORTENSE.

Comme à son illustre frère, le Prince-Eugène, vice-roi d'Italie, une place à part lui est réservée dans l'épopée Napoléonienne.

La reine Hortense, née à Paris, le 10 avril 1783, avait donc au mois de juillet 1805, un peu plus de 22 ans. Avec les augustes voyageurs se trouvait leur fils aîné, jeune enfant de la plus belle espérance, qui devait mourir en 1807, dans les bras de sa mère, emporté par une maladie terrible alors peu connue, mal étudiée et presque sans remède, le *Croup* (*).

Mais au mois de juillet de l'année 1805, rien ne faisait pressentir ce deuil. Aucun nuage ne voilait l'éclat du premier Empire ; une impulsion vivifiante et féconde partait incessamment de son centre et ses bienfaisants effets se répandaient en tout lieu.

La petite ville de Saint-Amand, qui avait conservé les traditions des joyeuses entrées de ses Abbés, seigneurs temporels, voulut faire une réception éclatante aux hôtes qui étaient attendus, en rajeunissant et en donnant le cachet de l'époque aux anciennes démonstrations, aux excentricités mêmes, racontées avec tant *d'humour* par notre spirituel chroniqueur Dom Floride et qu'on s'empressa d'exhumer de la poussière de nos archives.

(*) A la suite de la mort foudroyante de ce jeune prince, arrivée en 1807, l'Empereur Napoléon promulgua un décret par lequel il ouvrit un concours scientifique qui décernait un prix de 3,000 francs à l'auteur du *Meilleur Mémoire sur le Croup*.

Cinq mémoires, remarquables à divers titres par le talent d'observation qui les avait dictés, répondirent à l'appel impérial et furent imprimés par ordre de la commission du concours.

L'Etablissement des Boues et Eaux Thermales aussi, cette épave du grand naufrage de tous les biens de la royale abbaye de Dagobert, s'efforçait de se rajeunir en dissimulant ses ruines. Fier de son origine césarienne, il se ressouvenait des hôtes illustres qu'il avait depuis tant de siècles reçus dans son enceinte, et voyait poindre l'aurore de meilleurs jours dans l'arrivée des augustes personnages si impatiemment attendus. Rien n'avait été négligé et c'était comme une série non interrompue de fêtes qui allaient accueillir la présence de leurs Altesses Impériales.

Chaque ferme du hameau de la Croisette, chaque maison, chaque chaumine faisait provision de drapeaux; les habitants étaient en liesse. L'activité des préparatifs, l'empressement des autorités, l'enthousiasme des populations était porté à son comble.

Enfin le 6 juillet (17 thermidor an VIII), par une chaleur tropicale, vers deux heures après-midi, furent signalées les berlines de voyage qui débouchaient de la forêt de l'Etat; aucune escorte ne les accompagnait. Une simple brigade de cinq gendarmes stationnait dans le voisinage du *Petit-Château* où étaient attendus le prince et la princesse avec leur suite. L'artillerie (les douze campes de l'abbaye), qui de nos jours encore, dans les solennités publiques, fait retentir ses vibrantes détonations, donna tout aussitôt le signal de l'arrivée; les sons joyeux du carillon se firent entendre en même temps, et la triste *Amanda* elle-même, toujours en deuil de ses sœurs bien aimées et bien regrettées, voulut y joindre ses plus graves accents.

Le maire de la ville de Saint-Amand, greffier de l'Etat sous l'ancien régime, suivi des membres du conseil municipal; les maires des communes voisines; toutes les autorités et les corps constitués formés en cortége, se présentèrent peu après au *Petit-Château*, où ils furent gracieusement reçus par leurs Altesses Impériales; le maire leur adressa quelques paroles de bienvenue; le prince Louis répondit de la manière la plus affable.

Ce fut une journée splendide où chacun rivalisa de luxe et d'imagination. La plus grande animation se fit ressentir dans le hameau de la Croisette, bien déchu depuis lors de son ancienne splendeur(*). Chaque chef de famille s'empressait de mettre sa demeure à la disposition d'une partie de la suite du prince et de la princesse. Cette suite se composait de soixante personnes. — Mais toutes les mesures avaient été prises, et le détail du service avait été réglé antérieurement par l'intendant Bouchepaume, pour la durée présumée du séjour de leurs Altesses aux Eaux Thermales.

Les personnes spécialement attachées au prince, à la princesse et au jeune prince, furent installées au *Petit-Château*. Les chevaux de suite, au nombre de 25 à 30, trouvèrent également place dans les écuries. Parmi ces chevaux, il y en avait un, racontait tout récemment encore un des vieillards les plus respectables du hameau, qui était l'objet de soins tout particuliers. Il avait fait, lui avait dit le piqueur, les campagnes d'Italie et le prince le montait au camp de Boulogne, alors qu'il commandait une brigade de l'armée des Côtes réunie contre l'Angleterre.

Une autre partie du personnel avec une trentaine de che-

(*) Le 6 Septembre 1868, le hameau de la Croisette parut un instant revenir à ses anciens beaux jours. Les principales notabilités de l'arrondissement et des localités voisines s'étaient empressées d'assister aux concours agricoles qui avaient lieu près l'Etablissement des Eaux Thermales.

L'honorable Sous-Préfet de Valenciennes, M. Pechin, président de ces concours; l'éminent agronome député du Nord, M. le marquis d'Havrincourt, allié à S. M. l'Empereur Napoléon, par l'illustre famille des Tascher de la Pagerie; Mgr le duc de Croy; S. A. le prince C. de Ligne; M. Lemaire, membre de l'Institut de France; M. Graer, président de la société Impériale d'Agriculture; M. Bracq, maire de Valenciennes; M. de Moncheaux, maire de St-Amand; MM. Hamoir, Hyois de Bauffe, agronomes; MM. Philippart, Duchâteau, de Bettignies, industriels, etc., etc., voulurent bien visiter le Petit-Château dont le président du comice agricole de Saint-Amand s'efforça de leur faire les honneurs avec une cordialité toute campagnarde.

vaux d'attelage et les équipages trouvèrent place au grand Etablissement des Boues.

Le prince, dès le lendemain de son arrivée, se soumit au régime des eaux et des boues que lui avait conseillé son médecin, M. Cerier.

Nous n'aurions rien de bien particulier à dire sur le traitement qu'il suivit, s'il n'était resté dans le hameau, en possession de la descendance du baigneur attaché au prince, un avant-bras gauche en plâtre, d'une certaine maigreur, d'un certain dépérissement auquel l'usage des boues devait rendre et rendit effectivement la souplesse et la force. Cet avant-bras gauche avait sans nul doute été moulé par les soins du docteur, comme moyen de comparaison, pour mieux apprécier les progrès de la cure. Sur l'annulaire de la main gauche se remarque un mince anneau d'or surmonté d'une petite croix que le prince n'avait pas cru devoir retirer lors de l'opération du moulage.

Le casier aux boues qui lui avait été réservé était très-rapproché de la petite fontaine de l'évêque d'Arras (le fameux cardinal Granvelle). Ce casier n'existe plus. Il a été rejeté hors de la rotonde actuelle qui, en 1835, sous l'administration de M. Méchin, préfet du Nord, a remplacé l'espèce de serre hollandaise qui recouvrait antérieurement les boues. En 1805, on avait établi une cabine et un autre casier dans la prairie dite de *l'Hôpital* pour le service du prince.

Aussitôt après le bain on servait le déjeûner. De longues promenades étaient entreprises ensuite par le prince et la princesse, avec une partie de leur maison, dans les profondes avenues de la forêt. La nature y avait déployé une grandeur austère, presque inculte, qui semblait rappeler les souvenirs druidiques des anciens Gaulois.

Ces arbres séculaires, ces sombres voûtes que les rayons du soleil pouvaient à peine sillonner de quelques jets de lumière, ce calme, ce silence parfois interrompu par des rumeurs mystérieuses, lorsque la bise d'été traverse le feuillage en l'agitant et fait croire au bruit des mers; toutes ces harmonies indéfinissables impressionnent toujours vivement les organisations de poëte et d'artiste. Dans les mélodies suaves, dans les dessins ou les aquarelles qui délassaient la reine Hortense, on pourrait retrouver plus d'une inspiration recueillie au bois de Saint-Amand.

L'une des avenues de ce bois, qui avec ses milliers d'hectares était alors une forêt dans toute l'acception du mot, porte toujours le nom d'*Avenue du Prince*. Partant de l'Etablissement des Eaux, elle aboutit à la route de Condé. A proximité se retrouve la chaussée Brunehaut qui traverse le hameau d'Auterive, que nous croyons être *l'Alta-Ripa* des commentaires de César, et où le glorieux saint qui donna son nom à la ville établit son premier oratoire.

Une autre avenue remarquablement belle, celle qui se dirige en ligne droite sur *Suchemont*, était l'objet des prédilections particulières du Prince. Les anciens du hameau racontent qu'il aimait à y passer des heures entièers.

Le pignon de l'une des deux habitations encore debout à l'extrêmité de l'avenue attirait tout particulièrement son attention. Dans le milieu de ce pignon, au dessus du linteau de la fenêtre principale, se trouvait et se trouve encore le double écusson de l'ancienne abbaye de Vicoigne: *gland de chêne* sur champ de sable à senestre, *feuillage lauré* pour support surmonté de la mitre et de la crosse; à dextre, le *sanglier* surmonté des mêmes attributs. En-dessous — 1706 — avec ces mots :

VICONIE S' CONVENTUS.

Le Prince entrait alors dans cette habitation isolée et se complaisait à lire, gravée sur une espèce de *dolmen*, faisant corps avec la muraille intérieure de la salle à manger, une inscription des plus anciennes et des plus laconiques, ainsi conçue :

PETRONILLA
SUCHEMONT
DEFENSA.

Aucune date au bas de l'énorme pierre.

Le Prince interrogeait alors les habitants du lieu, et les réponses qui lui étaient faites en langue gallo-romane, ou *Rouchi français*, si l'on veut, excitaient encore plus vivement son intérêt.

Cette langue, toujours parlée dans nos campagnes, (*) lui apparaissait comme une ruine et comme une preuve vivante de la longue occupation romaine, au milieu d'autres ruines amoncelées par le temps.

« Suchemont, lui disait-on, avec une naïve assurance, la *ville de Suchemont* a été dans le passé un grand centre de population. » Et en même temps on lui indiquait la place du marché au nord, le mont Saint-Amand au sud vers le *Pons-Scaldis*, la direction des rues, etc., etc.

Quand de nos jours, malgré les écrivains les plus autorisés, plusieurs villes disputent encore à Alise-Sainte-Reine, l'honneur d'avoir été défendue par le célèbre chef gaulois Vercingetorix, qui en avait fait son dernier refuge, ne peut-on pas supposer qu'un lieu situé comme l'est Suchemont, sur le point le plus élevé de la chaussée *Brunehaut*, cette voie militaire, qui de notre contrée se dirigeait vers Cologne, (*colonia aggrippiniensis*), et où abondent à un mètre sous sol des débris de toute nature qui témoignent de son antiquité, ait été autrefois très-important et très-peuplé ?

Rappelons qu'il y a vingt ans à peine, un amateur éclairé a fait pratiquer quelques fouilles dans ses propriétés, près Suchemont. Plusieurs urnes funéraires, des médailles, des matériaux de toute nature ont été mis à découvert et ont donné une certaine apparence de vérité à la tradition locale.

(*) Nous ne voulons citer que ces quelques mots à base latine employés presque quotidiennement par nos campagnards: — Va querre les vacques à camp. — J'iro t'soubite. — J'avo m'quertin almont dé m'visin. — et'répond toudi, ché pou m' fair bisquer. —

Cela veut dire : — Va chercher les vaches au champ. — Je n'en ai pas le temps. — J'irai tantôt. — J'ai mon panier à reprendre chez mon voisin. — Tu réponds toujours, c'est pour me contrarier.......

L'un des gardes-forestiers qui travaillait alors pour l'honorable M. Ewbanck, consul de Belgique à Valenciennes, qu'il nous pardonne de le nommer, affirmait tout récemment encore à l'auteur de ce récit, que dans le jardinet dépendant de la seconde habitation forestière qu'il occupe, se trouve à 40 centimètres sous-sol une énorme pierre, une espèce de *dolmen*, qu'il n'a pu soulever.

Ce nom de *Suchemont*, en patois ou rouchi-français, *submonte*, sur ce Mont, était sans doute un mystère appellatif que le prince Louis-Napoléon aurait été désireux d'éclaircir.

Les retranchements, les contreforts, les accidents de terrain, les réduits, rien ne manque à Suchemont. Notons en passant que le brigadier-forestier actuel fait les honneurs de cette demeure avec une obligeance parfaite aux étrangers qui la visitent.

Le Prince connaissait assurément le fameux *Pons-Scaldis* (Escaupont) de l'itinéraire d'Antonin, que les légions romaines traversaient pour se rendre de Bavay à Tournai. Les jetées de ce pont, d'après Grégoire de Tours (*) et Sidoine Apollinaire, évêque de Clermont, presque contemporains, existaient encore en 448, de l'un et de l'autre côté de l'Escaut. Sidoine est un écrivain qui nous apprend comment les rois francs célébraient leurs noces dans un fourgon, comment ils s'habillaïent, quel était leur langage. Grégoire de Tours raconte avec une grande ingénuité tout ce qui se passait dans son temps. C'est leur témoignagne qui nous sert de guide dans notre récit.

Le Prince n'ignorait pas non plus que des combats(**) très-

(*) In ipso scaldis alveo supersunt hodieque aliquot antiquæ pilæ quæ arctum aggerem suppositis trabibus sustentabant. Greg. Tur. lib. II, cap. 9.

(**) Res acta est modo : Clodio cum exercitu, ingressus est *sylvam carbonariam*, indeque per viam militarem quæ per Tornacum ducit, etc., etc.

Aëtius et Majorianus adventantem Clodium expectabant. Itaque meurtriers s'étaient livrés dans le voisinage d'Escaupont, dont Suchemont n'est éloigné que de six kilomètres. Suchemont, au nord, dominait la chaussée de Brunehaut, dont la déclivité s'arrête au château du *Locron*, qui commandait le cours de la Scarpe, à 300 mètres à peine du fort de Mortagne, où cette rivière va grossir les eaux de l'Escaut. Suchemont, par sa situation, a pu être un point fortifié qui devait en tout cas protéger l'établissement sanitaire établi dans son voisinage immédiat et le mettre à l'abri de l'insulte des barbares.

Les dissertations devaient être des plus intéressantes sur tous ces points entre le prince et son entourage militaire, composé d'officiers supérieurs du plus haut mérite, tels que le général Nughes, le colonel Caulaincourt et quelques autres, habitués à se rendre un compte exact de tous les lieux qu'ils visitaient.

Après ces excursions, le prince alors rentrait pour le déjeûner. Il allait souvent faire visite à un ancien chirurgien, du nom de *Goudeman*, chargé autrefois du service de l'hôpital-militaire, établi à la Fontaine-Bouillon ; ce chirurgien qui logeait dans le voisinage devint parfois le commensal du Petit-Château.

Au milieu de cette grande époque où les évènements se succédaient les uns aux autres, la correspondance était très-active entre Paris et le *Petit-Château* ; un courrier arrivait chaque jour avec les dépêches pour le prince et la princesse ; il restait en selle et on l'installait sur un autre

commissum prœlium in difficili loco, Tornacum inter et pontem-scaldis. In ipso scaldis ponte, Aëtius stabat; sub ipso ponte, tornacum versus, equitabat Majorianus, etc., etc. Syd. lib. II, cap 22.

— Et Sidoine ajoute : Aëtius s'avança dans le plus profond silence avec Majorianus, son maître de cavalerie, surprit Clodion qui se gardait mal, au milieu d'une grande fête donnée à l'occasion d'une noce dans le camp barbare, et lui fit subir un sanglant échec — (*stravit exercitum*). C'était l'un des derniers exploits de l'empire romain expirant.

cheval; tel était l'usage dans ce temps où la guerre trempait si fortement les âmes et les corps ; et après avoir bu le coup de l'étrier, il repartait au galop pour Paris avec les messages de leurs Altesses Impériales.

Les promenades recommençaient presque chaque jour avec un nouvel attrait ; la princesse avec les dames de son entourage y trouvait des délassements qui lui faisaient oublier les soucis inséparables d'un rang supérieur.

Le prince se rendait fort souvent seul et à pied à St-Amand; il aimait à y visiter l'antique et célèbre abbaye, sur laquelle planaient les souvenirs de Dagobert, de Charles-le-Chauve, de Dreux, de Pépin et de Carloman, unissant ainsi les traditions des dynasties mérovingiennes et carlovingiennes avec celles que devait laisser dans notre contrée cette autre dynastie impériale à laquelle il appartenait, et dont le chef ressuscitait, en l'éclipsant, la gloire de Charlemagne.

Le prince était vêtu très-simplement ; le plus souvent il portait une redingote bleu de ciel avec collet noir fermé, culotte bleue et guêtres noires, chapeau rond ; il tenait la main gauche habituellement posée sur le dos.

En rentrant au *Petit-Château*, Louis-Napoléon aimait à traverser la foule qui stationnait presque toujours en face la grille d'entrée dans l'espoir de voir un frère du grand Empereur, et alors, avec une bonne humeur parfaite, il s'adressait aux campagnards en leur disant: « Vous voulez voir le prince, eh bien, il va rentrer chez lui.(*)» Et le prince rentrait aussitôt salué par les applaudissements de la foule......

La *loi d'Amour*, comme on appelait à cette époque les importantes mesures d'amnistie et de conciliation prises par le Consulat, avait ramené dans leurs châteaux les représen-

(*) Ces paroles nous ont été textuellement rapportées par le respectable M. Durieux, âgé de 84 ans, retiré depuis peu à St-Amand, témoin oculaire survivant, qui se rappelle encore parfaitement le costume du prince et même celui de la princesse Hortense.

tants de la haute aristocratie. Chaque jour semblait effacer les longs ressentiments de l'anarchie révolutionnaire. L'ordre public et la sécurité de toutes les classes de la Société s'embellissaient du prestige de la gloire militaire et de la renaissance des plaisirs du grand monde, de l'éclat des lettres et des arts.

Dans le voisinage immédiat des bains de Saint-Amand, un prince de l'illustre maison d'Arenberg qui, en combattant sous les drapeaux de l'Autriche, avait été si grièvement blessé à Marengo, que l'amputation d'une jambe devint nécessaire vingt ans plus tard, était rentré en possession de son château de Raismes, à 4 kilométres des Eaux Thermales, dont il faisait les honneurs avec cette élégance exquise, cette dignité chevaleresque qui le distinguaient naguère à la cour de Versailles et aux fêtes de Trianon.

L'ancien maire de Raismes, M. Baudrain, décédé il y a quelque temps, à l'âge de 85 ans, figurait toujours parmi les invités de ce prince.

Cet ancien volontaire de 92 et du siége de Valenciennes, cet autre blessé de Marengo, avait servi avec distinction sous le Consulat et avait été contraint d'abandonner la carrière militaire au début de l'Empire, par suite de ses nombreuses blessures.

Par un rapprochement des plus bizarres et qui caractérise bien cette grande époque, ce vénérable vieillard avait été en cantonnement avec le régiment de hussards dont il faisait partie, dans un autre château de ce même prince d'Arenberg, mais au fond de l'Allemagne, à 300 lieues de Raismes ! Il aimait à nous raconter cette particularité.

LL. AA. le prince de Ligne et les ducs de Croy étaient aussi rentrés dans leurs domaines de Bel-Œil et de l'Ermitage. Les Eaux de Saint-Amand se ressentaient de ce grand mouvement social par les nombreux pélerinages dont elles étaient le but. Les magnifiques promenades de la forêt, sillonnées par de brillants équipages, ressemblaient presque au bois de Boulogne, et pour compléter l'illusion, de fastueuses enseignes étalaient dans le hameau de la Croisette les noms de :

Petit Versailles,

Chasse Royale,

Palais Royal.

Hélas ! que sont devenus ces titres évoqués par la génération qui nous a précédés dans la vie et que nous rappelons aujourd'hui, les rattachant à notre récit ?

Comme moyen de distraction dramatique offert aux augustes hôtes du *Petit-Château,* les acteurs de la troupe de Valenciennes, sous la direction de M. Pouchin, venaient trois fois par semaine donner des représentations dans les salons de l'Etablissement des Eaux, transformés en théâtre pour la circonstance. Tous ces artistes logeaient au Palais-Royal.

On voyait souvent arriver, musique en tête, des détachements de cavalerie des garnisons de Condé, de Valenciennes et de Tournai; ces promenades militaires animaient la ville et le hameau ; le Prince et la Princesse passaient les troupes en revue dans la cour d'honneur du Petit-Château. Les corps de musique faisaient entendre les plus beaux morceaux de leur répertoire, et entre les musiciens s'établissait une vive émulation suscitée par leur désir de plaire à l'oreille exercée de la reine Hortense. Les détachements, dont les chefs étaient toujours retenus à la table de l'aide-de-camp de service, repartaient le même soir pour leurs garnisons respectives.

Nous avons déjà parlé des excursions du Prince et de la Princesse dans le bois ; il y avait des jours où s'organisaient de brillantes cavalcades d'écuyers et d'amazones. A la suite de leurs altesses impériales on remarquait MM. d'Arjusson, de Villeneuve, de Turgot, le colonel de Caulaincourt, Mesdames de Viry, Joubert, Mollien, de Villeneuve, Lery, dont les noms se rattachaient en partie à l'ancienne monarchie et plusieurs aux diverses phases de l'Empire, avec des fortunes et des chances variées.

Au retour de ces promenades équestres, les salons du Petit-Château présentaient un aspect ravissant ; le charme d'une conversation vive, intéressante, spirituelle s'y joignait aux inspirations musicales pour accélérer le vol rapide des heures. La grâce et la beauté tenaient lieu d'étiquette et de puissance dans cette future petite Cour.

On ne saurait décrire la touchante sollicitude dont se trouvait entouré le jeune prince par sa mère. Quoique bien jeune encore, il paraissait réservé aux plus hautes destinées et on le considérait presque comme l'héritier présomptif du trône impérial. On pouvait justement lui faire alors l'application de ces mots : *Tu Marcellus eris !*

En chroniqueur fidèle, nous ne devons pas omettre les noms d'autres personnes d'un rang plus modeste, même inférieur, attachées au service de la maison du prince et de la princesse Louis-Napoléon.

Dans cette partie de l'entourage des hôtes du Petit-Château, il y avait un nom, bien obscur alors, que la grande histoire n'a pas dédaigné de recueillir : celui de *Marchand*, le type du dévouement et de la fidélité, qui a suivi le Prométhée moderne sur le roc de Sainte-Hélène, et qui dans sa position de valet de chambre de confiance du grand homme dont il a fermé les yeux, avec le grand maréchal du palais comte Bertrand, occupe une place d'honneur sur les pages du martyrologe napoléonien. Issu d'une famille d'honnêtes cultivateurs de Bernissart, entre Blaton et Condé, Marchand commençait auprès du prince Louis cette carrière qui devait prendre les plus hautes proportions.

Le Prince avait ramené d'Egypte un jeune et superbe noir abyssin, *Soliman*, dont nous parlait encore en janvier 1869, un vieillard du hameau de la Croisette.

Soliman et Sury, le valet de chambre, avaient mission de

recevoir les courriers de Paris, auxquels ils remettaient les dépêches après en avoir vidé le portefeuille.

Comme il arrive souvent au village, la couleur de l'épiderme de Soliman et la bonté de son caractère le rendirent l'objet de quelques espiègleries champêtres, dont il avait le bon esprit de ne pas se fâcher. Un jour, entre autres, on voulut savoir si son sang avait la même nuance que celui des blancs qui l'entouraient. Un groseillier épineux, aux rameaux qui se resserrent après les avoir ecartés, servit à cette épreuve démonstrative que *Soliman* lui-même accueillit en riant......

L'ancien concierge du Petit-Château avait été maintenu en fonction par l'intendant D'Alichaut; il avait nom Coppin et il était chargé de recevoir les nombreuses pétitions adressées au prince et à la princesse.

Le maître-d'hôtel Houdenay, s'acquittait à merveille de son mandat qui ne manqnait pas d'importance par la gravité avec laquelle il le remplissait.

Mentionnons encore en passant le barbier du prince, Petit-Joseph, et un autre personnage indispensable, le coiffeur de la princesse ainsi que des dames de son altesse impériale. Saint-Ange était le nom quelque peu prétentieux qu'il portait, mais qu'il s'efforçait de justifier.

Etienne, le cocher de LL. AA. II. était un homme d'une magnifique prestance et de la plus belle tenue ; il avait été attaché à Versailles aux écuries royales de Louis XVI, et conservait les traditions de l'ancienne Cour ; il tenait à la dynastie napoléonienne par la Corse, son pays natal ; on l'aimait et on l'estimait beaucoup dans le hameau de la Croisette.

Cependant la solennité du 15 Août, la *Saint-Napoléon*, approchait et tout se préparait au Petit-Château pour célébrer dignement la fête du grand homme qui présidait aux destinées d'un Empire aussi vaste que son génie.

Par le *couronnement d'une Rosière,* le Prince et la Princesse voulurent donner un cachet particulier à cette solennité. Une jeune fille du Moulin-des-Loups, nommée Amélie Loubert, aussi vertueuse que belle, réunit tous les suffrages. Elle fut présentée à leurs altesses impériales par leur aumônier. Deux dames d'honneur, deux chambellans et des écuyers cavalcadours accompagnaient la Rosière.

Après avoir félicité Amélie Loubert sur la distinction flatteuse méritée par ses vertus, la Princesse lui posa sur le front la couronne de roses blanches traditionnelle.

Le Prince remit à la Rosière une somme de mille francs ; la Princesse y ajouta l'argent nécessaire pour la toilette de noces de la mère, des frères et des sœurs du futur époux de l'heureuse Amélie. Cet époux était un militaire réformé pour des blessures reçues dans la dernière guerre maritime ; un fils né de cette union habite encore aujourd'hui la ville de Saint-Amand. La bénédiction nuptiale fut donnée par le vénérable curé-doyen de la paroisse, M. Huret, et il y eut ensuite une revue d'honneur d'un nombreux détachement de cavalerie.

On avait établi un tir à l'arc dans une prairie de l'Etablissement Thermal ; le nom de *Tir à l'Arc* lui a été conservé par les habitants du hameau, en souvenir de cette fête du 15 Août 1805.

Le premier prix offert par le prince, consistait en une médaille d'or d'assez grande valeur. Elle est restée entre les mains de l'un de nos plus honorables concitoyens, qui la tenant de son père, vainqueur au tir, la considère comme une relique de famille (*).

Une autre médaille, frappée à l'Hôtel de la Monnaie à Paris, en commémoration de la solennité du jour, représentait le second prix.

(*) M. Louis André.

La princesse ajouta de belles boucles en or pour souliers ; ce fut un ancien prêtre assermenté, du nom de *Breucq*, qui, rentré dans la vie séculière et devenu greffier, receveur municipal et des hospices, les gagna et les porta jusqu'à son décès, à Héraing, en 1825; enfin quelques autres objets complétèrent cette série de récompenses vaillamment disputées par les sociétés d'Archers de Saint-Amand, de Fresnes, de Condé et du Serment de Saint-Sébastien de Mortagne, dont la création, par charte authentique qui se trouve entre les mains d'un autre de nos concitoyens, remonte à l'époque des ducs de Bourgogne, souverains des Pays-Bas.

Un feu d'artifice, dressé dans la cour du Petit-Château, termina d'une manière bruyante cette journée de fête.

La princesse consentit avec sa grâce ordinaire à allumer ce feu ; mais une fusée mal fixée fit retour, vint éclater dans le salon et causa un instant d'inquiétude ; cette fusée par son explosion, brûla en partie le châle jeté sur une robe de soie verte que portait son Altesse.

Cet incident n'eut aucune autre suite fâcheuse ; il mit en relief le sang-froid et la présence d'esprit de la princesse, qui s'empressait de rassurer son entourage ainsi que la foule immense des spectateurs, saisie de la plus vive émotion.

Des actes nombreux de bienfaisance ont consacré parmi les populations de la Croisette, de Saint-Amand et des communes voisines, l'épisode que nous retraçons et dont *l'annuaire du département du Nord*, publié en 1806, a enregistré quelques détails.

On y lit ces phrases, qui se passent de commentaires :

« La présence de leurs altesses impériales fut marquée par des actes journaliers de bienfaisance. Souvent la princesse se rendait chez des malheureux et des malades; et elle envoyait auprès de ces derniers, son médecin ordinaire, pour qu'il s'enquit de leur état, de leur condition et de leurs ressources. Ces visites étaient toujours suivies de secours abondants. »

Voici les dons qui signalèrent le départ des augustes visiteurs :

Le maire de Raismes reçut mille francs pour être distribués aux familles peu aisées et indigentes de sa commune.

Outre un souvenir particulier adressé au curé-doyen de Saint-Amand, qui était venu chaque dimanche célébrer la messe au Petit-Château, sur un autel improvisé dans la grande salle à manger et que l'on enlevait tout aussitôt après l'office divin, ce vénérable ecclésiastique fut chargé de répartir une somme considérable dans sa paroisse. Tous les maires et les curés des communes voisines eurent aussi des secours en argent à distribuer.

Les chefs de quinze familles, presque tous habitants de la Croisette, avaient été poursuivis et condamnés pour délits forestiers. Malgré la sévérité que devait alors déployer l'administration, leurs altesses impériales obtinrent grâce pleine et entière pour ces malheureux artisans, sauvés ainsi de la prison. (*)

C'est le jour même du départ des augustes hôtes du *Petit-Château*, que cet acte de clémence fut connu et béni par ceux auxquels il devait profiter.

M. Bouchepaume resta un mois encore au Petit-Château, après le départ de LL. AA. II., et reçut ordre de distribuer toute la vaisselle qui avait servi à la maison du Prince, aux ménages les plus nécessiteux du hameau.

Finalement l'annuaire du Nord, page 28, ajoute ces mots, sans date :

(*) Il faut bien se rendre compte de la situation des choses en ce temps là. L'administration forestière devait être d'autant plus rigoureuse que son droit absolu de possession des immenses domaines de l'abbaye de Saint-Amand, n'était compris que très-imparfaitement encore par les habitants du hameau, qui jouissaient sous les moines, de certains privilèges, qu'ils croyaient ne pouvoir leur être enlevés. Cette croyance n'est pas encore complètement déracinée de nos jours.

« La Princesse Louis part à 5 heures du matin, pour se rendre à Montreuil, par Douai et Arras. »

Pour perpétuer le souvenir du séjour de leurs altesses impériales, une colonne en pierre fut érigée au clos de Saint-Amand, à l'extrémité de la rue Impériale, que la voix populaire désignait il y a quelques années comme le lieu le plus propre pour l'emplacement de la future gare du chemin de fer. Il y aurait équité à ne pas laisser plus longtemps cette colonne privée de l'Aigle qui la surmontait en 1815.

Nous avons applaudi au rétablissement du sceau de la ville dans sa vérité historique (Fleurs de Lis sur champ d'azur avec l'épée en pal).

Une avenue d'arbres qui de l'Etablissement des Eaux se prolonge jusqu'à la route impériale de Condé, fut plantée et porte toujours le nom d'*Avenue du Prince Louis*.

L'aigle aux ailes déployées, qui tenait dans ses serres les rideaux de la couche impériale, est précieusement conservé au *Petit-Château*, à la même place où il se trouvait autrefois.

Le propriétaire actuel de ce lieu a voulu perpétuer le souvenir du séjour de LL. AA. II. par l'inscription suivante qu'il a fait placer sur le fronton de la principale porte d'entrée:

LOUIS-NAPOLÉON, ROI DE HOLLANDE
ET LA REINE HORTENSE
ILLUSTRÈRENT CETTE HABITATION
PAR LEUR SÉJOUR EN 1805.

CETTE PIERRE FUT PLACÉE SOUS LE RÈGNE DE
NAPOLÉON III,
M. VALLON ÉTANT PRÉFET DU NORD
ET M. MARLIERE SOUS-PRÉFET DE
VALENCIENNES.

H. C.

Hameau de la Croisette, 1869.

D'après l'Almanach Impérial de 1805, la maison du Prince et de la Princesse Louis-Napoléon était ainsi composée :

Mgr D'Osmond, évêque de Nancy, aumônier.
Mme de Viry, dame d'honneur.
Mmes Boubers, Mollien, de Villeneuve, Lery, } dames pour accompagner.
MM. d'Arjusson, premier chambellan.
de Villeneuve, chambellan ordinaire.
le colonel Caulaincourt, premier écuyer.
de Turgot, écuyer cavalcadour de la Princesse.
Desprez, secrétaire des commandements.
D'Alichaut-Sénégra, intendant.
Raguideau, notaire.
Leroux, médecin ordinaire.
Assaliny, chirurgien.
Dufau, pharmacien.

www.ingramcontent.com/pod-product-compliance
Ingram Content Group UK Ltd.
Pitfield, Milton Keynes, MK11 3LW, UK
UKHW021133230726
13926UKWH00002B/776